Ange Goumou

La vérité cachée sur la pandémie du COVID 19

AF153246

Ange Goumou

La vérité cachée sur la pandémie du COVID 19

La pandémie due au COVID 19

Dictus Publishing

Publisher:
Dictus Publishing
is a trademark of
Dodo Books Indian Ocean Ltd., member of the OmniScriptum S.R.L Publishing group
str. A.Russo 15, of. 61, Chisinau-2068, Republic of Moldova Europe
Printed at: see last page
ISBN: 978-613-7-35675-3

Ange Goumou Guinée Conakry Email dretihaba83@yahoo.fr

LA VERITE CACHEE SUR LA PANDEMIE DU COVID 19

AVANT PROPOS :

Les maladies à potentiel épidémique font l'objet de problématiques sanitaires depuis l'antiquité. Ces maladies effroyables pour la plupart ont décimé les populations du monde en laissant des empreintes sanitaires indélébiles. Les archives de l'histoire sanitaire mondiale gardent encore les affres de la peste noire, du choléra, de la grippe espagnole, de la fièvre Ebola, de la fièvre Lassa, des grippes à corona virus. Face à ces menaces sanitaires fréquentes et grandissantes, l'interrogation qui envahit la pensée est de savoir si ces précédentes Epidémies et les épidémies actuelles ont été traitées avec beaucoup plus de responsabilité. Si ces épidémies constituent une source d'enrichissement, une déduction logique fait dire qu'elles devront se perpétuer pour pérenniser les activités des organisations bénéficiaires. Si elles ont été éradiquées, il faudrait évidemment s'attendre à de nouvelles menaces sanitaires afin de poursuivre la quête des fortunes.

Il est suspicieux de croire établir une santé mondiale globale pour le bien-être des populations pendant que des personnes sont forcées à se faire vaccinées! Sans s'armer d'intelligence, il est clair de voir le revers d'une politique pharmaceutique capitaliste et d'un système mondial autoritaire. Il s'agit d'un groupe d'individus malins qui décident du partage des richesses du monde en leur faveur.

Aujourd'hui, la pandémie du Covid 19 suscite des interrogations morales criardes. Que vaut-elle en termes d'épidémie réelle ? Que vaut cette maladie en termes de richesse ? Que vaut la santé des populations comparée aux richesses que peut produire une pandémie ? Plusieurs témoignages de personnes guéries du Covid 19 et l'analyse des mesures de riposte attestent une incohérence entre le désire de rompre avec la pandémie et le souci d'établir un cadre de vie convenable pour le bien-être des populations. Les objectifs visés par la riposte semblent plus axées sur l'expérimentation clinique et les profits politico-pharmaceutiques. Les désirs de faire taire la pandémie par des moyens plus simples ont été prohibés afin de jouer les cartes du Lotto gagnant. Malgré la présence de grandes organisations humanitaires internationales et la persistance du mal, il est indéniable de croire à une complicité de conglomérats multinationaux.

Nous ne comptons pas exploser en de vaines argumentations, c'est pour cela que nous vous exposons ce livret en vous décrivant lucidement la pandémie du Covid 19 et les enjeux qui la contrôlent. C'est aussi l'objet d'inviter les dirigeants du monde à une prise de conscience morale. Quand bien même, ils peuvent se croire aux cimes des lois et des règlements sociaux, ces hommes et femmes devront comprendre qu'ils sont de simples humains.

PREFACE :

Ce livret est une analyse critique des Epidémies qui endeuillent le monde. En particulier, il nous présente la pandémie du Covid 19 comme vous ne l'aurez jamais vu ailleurs. Composé de sept chapitres indépendants, ce support littéraire critique vous plonge au cœur des politiques sanitaires mondiales. Il peut être sensible de ne pas croire à la gravité d'une pandémie qui a fait des millions de victimes, mais la réalité reste bien éloignée des informations que nous avons reçues et de ce que nous avons vu.

Dans ce livret, quelques chapitres abordent des questions brûlantes telles que la politique mondiale de la santé et les programmes humanitaires mondiaux. Ces programmes doux de dénominations exécutent des activités qui s'opposent à leurs missions humanitaires réelles. Cette dérogation flagrante de fonction plonge le monde dans une impasse sanitaire durable. Situation encore bénéfique pour la pérennisation de ces programmes sanitaires et humanitaires incohérents et impérialistes.

Je vous invite à bien méditer sur notre avenir, l'avenir sanitaire du monde à travers ces pages interrogatives. Si vous êtes une autorité sanitaire ou un dirigeant politique, œuvrez au bien-être réel des populations. Nous aspirons tous à la vie et désirons vivre dans un monde agréable à tous.

TABLE DES MATIERES :

CHAPITRE I : LA MOBILISATION OBLIGATOIRE DES FONDS

Il faut qu'un évènement soit gravissime pour attirer l'attention du monde. Au cas contraire le monde ne saurait daigner d'y voir plus clair ou du moins d'apporter son attention et son soutien financier. Ce constat malin reste l'astuce le plus plaisant aux organisations sanitaires pour faire foisonner leurs projets aux finalités ambiguës. L'égoïsme et l'égocentrisme battent plein ail dans ce nouveau monde hédoniste. Qu'importe ce que diront les victimes inanimées, les objectifs sont atteints. En mars 2014, une épidémie meurtrière frappe de plein fouet la Guinée ; le pays fait face pour la première fois à l'épidémie d'Ebola malgré ses infrastructures sanitaires déficientes et le manque de personnel soignant. Il fallut attendre l'hécatombe pour que des dispositions sanitaires coordonnées soient prises afin de faire barrière à l'épidémie. L'hécatombe valait bien le coût ! Simplement, aisément et sereinement de gros fonds avaient été aspirés des banques. Là où prévaut la guerre, là s'assemblent les rapaces et il y a moins d'exigences sur les carcasses.

J'ai entendu dit que l'argent a peur du bruit, c'est peut-être vrai dans certaines mesures. En effet, les investisseurs munis de ressources limitées font attention au chao de peur de perdre leurs beaux plumages financiers. Il leur faut un climat paisible et rassurant pour faire fructifier leurs semences financières. Cependant, pour des investisseurs et des bailleurs véreux, le chao n'est pas un frein à l'investissement, c'est plutôt une opportunité singulière. Pour eux, l'argent aime bien le bruit ! L'argent, c'est le nerf de la guerre dit-on ! Puisqu'il en est ainsi, pourquoi ne pas créer le chao pour dégeler des fonds bancaires dormants ? Le monde connait de nombreuses crises et ces crises sont toutes la résultante de la pauvreté extrême. Dans ce contexte, des organisations prétentieuses aux appellations silencieuses jouent donc le jeu des crises pour se maitre au service des victimes. D'un côté des victimes toujours victimaires et de l'autre des secouristes en plein essor économique. Pourquoi les faits sont-ils ainsi ? Que valent ces scenarios sadiques ? Que penses-tu de ce silence mondial ?

En mars 1918, presqu'à la fin de la première guerre mondiale, une épidémie de grippe foudroyante frappe des soldats américains. La dite épidémie pandémique quitte le berceau de la chine pour gagner l'Amérique, puis l'Europe et le reste du monde. Cette épidémie sans précédent fit des millions de morts, soit en moyenne vingt-et-cinq millions de victimes. Le monde étant préoccupé de guerre et de bruit de guerre garda le silence sur cette menace sanitaire. A ces heures, quand bien même la médecine disposait de maigres moyens de riposte, une simple communication sur les modes de transmission de la maladie et une amélioration des mesures d'hygiène auraient abrégé les souffrances humaines et l'hécatombe. Honnêtement, l'Espagne fut le seul pays à y voir clair. Elle déclara et décrit l'épidémie, puis prévint ouvertement du danger qui allait s'abattre sur toute l'Europe. Cette pandémie nommée la grippe espagnole fit plus de victime que la guerre de 1918. Une guerre aberrante qui divisa le monde en trois blocs et le contraignit à ne pas connaitre le vrai adversaire. Des erreurs individuelles et collectives ont fait de la grippe H1N1, l'une des plus meurtrières du vingtième siècle.

Au début de l'année 1340, une peste bubonique frappe la Chine, l'Inde, la Perse, la Syrie et l'Egypte. Probablement, sept années plus tard la même maladie fait irruption au port de Messine, en Sicile. Douze navires en provenance de la mer morte transportent des malades et des morts couverts de furoncles sombres. La peste noire hautement contagieuse, transmise par les puces des rongeurs infectés passe chez l'homme par simple piqûre de ces hôtes intermédiaires. La pandémie décime l'Europe et le monde ; elle comptabilisera globalement deux fois plus de victimes que la grippe espagnole. Cette hécatombe n'incrimine pas trop l'homme, mais n'exclut pas d'emblée des erreurs commises par ce dernier ! Si la maladie a fait bon train dans les zones portuaires et les zones de stockage de denrées, c'est parce que les rougeurs y trouvaient bons domiciles. Faute de Science, il fallut attendre plusieurs années pour connaitre le nom du tueur de masse : Yersinia Pestis, une bactérie en forme de bâtonnet découvert par le biologiste Français Alexandre Yersin. La négligence des règles d'hygiène et des mesures barrière ont fait de cette pandémie l'une des plus meurtrières de tous les temps. Des croyances irrationnelles permirent aussi au mal de bien gagner du terrain.

De nos jours, nous faisons face à une redondance de l'histoire, mais avec des attitudes beaucoup plus irresponsables que coupables. Ces catastrophes sanitaires sont-elles des leçons de vie ? Évidemment elles le sont ; l'homme en tirent toujours des leçons et feignent de les capitaliser pour le bien-être de ses semblables. Ses sombres desseins le poussent à contraindre ses égaux à la perte.

Bien qu'étant moins alarmant que les grandes pandémies qui ont sévi, le Syndrome Respiratoire Aigu Sévère pointe au zénith en novembre 2002. Aussitôt, l'épidémie fait des victimes et perturbe les activités humaines depuis l'épicentre de la maladie. Il fallut attendre le 12 mars 2003 pour que l'alerte mondiale soit lancée. Malheureusement l'épidémie avait déjà transcendé les frontières continentales. Depuis la chine, le mal s'étend dans des pays d'Extrême-Orient et d'Amérique du nord. Nous pouvons exulter de joie parce que cette pandémie fut endiguée aisément, mais il y aurait eu beaucoup moins de morts si les organisations sanitaires avaient été plus exigeantes et prompts. Une vie humaine perdue est équivalente à une famille mutilée.

Le 16 novembre 2019, à Wuhan en chine, une maladie étrange aux symptômes similaires à ceux du Syndrome Respiratoire Aigu Sévère fait des victimes. La petite fumée suffocante diffuse petit à petit dans la province du Hubei. L'épidémie semblée banale fait de nombreuses victimes. Les services sanitaires de Wuhan sont affaissés par l'affluence d'une file indéfinie de malades. Orgueilleuses, les autorités Chinoise s'attisent à éteindre ce feu urbain en catimini. Le 11 mars 2020, la maladie de Wuhan est décrétée pandémie et des mesures d'hygiène et de protection sont annoncées.

Dans la brousse, quand un feu se propage, l'une des mesures les plus efficaces pour l'éteindre est de le localiser à temps, puis l'éteindre. Aux cas où le feu se serait propager plus loin, les dégâts matériels et environnementaux seraient si grands que tout action humaine deviendrait presqu'utile. Ainsi, la nature viendrait elle-même à bout du mal. Il est donc évident qu'à l'agonie du feu, l'homme ne pourrait s'enorgueillir de ses mesures et actions agités. Si les pandémies d'alors ont été endiguées malgré peu de science, la pandémie actuelle suscite des interrogations bien étranges ? Pourquoi en sommes-nous là malgré les grandes avancées médicales et technologiques? Pourquoi est-on arrivé à cette hécatombe humaine ? L'hécatombe est-elle un motif justifiable de mobilisation financière ?

Sans persister sur une vaine argumentation, il est intelligent de savoir que le coronavirus est une maladie moins dangereuse que la fièvre Ebola, la fièvre de Marburg, la fièvre jaune, la peste noire, la grippe espagnole et le VIH SIDA.

Nous commencerons par interroger cette fameuse pandémie qui a détourné l'attention du monde. Depuis l'éclosion de la pandémie, il est à dénombrer en date du 4 Mars 2022, *cinq millions neuf cent soixante-dix-huit mille quatre-vingt-seize décès (5 978 096)* pour un total *de quatre cent quarante millions huit cent sept mille sept cents cinquante-six personnes (440 807 756)* infectés. Ces données nous révèlent un taux de létalité réel de 1,3 pourcent ; soit environ 1 malade du Covid 19 meurt sur un total de cent malades contaminés. C'est inquiétant tout de même, car il s'agit d'une vie humaine ! Mais en réalité, ce n'est pas alarmant !

D'août 2018 au mois de Juin 2020, l'une des plus grande Epidémie d'Ebola a sévi en République Démocratique du Congo. Il fut dénombré *deux mille deux cent quatre-vingt-dix-neuf décès (2299)* pour un total *de trois mille quatre cent quatre-vingt-un cas (3 481)*. Ici les chiffres parlent d'eux-mêmes. Nous en déduisons un taux de létalité réel de 66,04 pourcent ; soit environ 66 malades Ebola morts pour cent malades contaminés. De façon plausible, Ebola est soixante fois plus mortelle que le covid19.

En 1967 des laborantins du laboratoire Behring de Marbourg travaillant sur des échantillons de tissu de singes en provenance d'Ouganda furent contaminés par le virus de Marburg. *Sept* d'entre les *trente-et-un* personnes contaminées moururent de la maladie. Cette fièvre hémorragique de Marbourg présentait donc un taux de létalité réel de 22,5 pourcent ; soit 22 malades moururent du mal pour cent malades contaminés. Encore une fois voici une Epidémie menaçante qui est vingt-et-deux fois plus mortelle que le Covid19.

Selon l'Organisation Mondiale de la Santé, chaque année, *deux cent mille* personnes sont infectées par le virus de la fièvre Jaune; parmi ces malades, *trente mille* en meurent. Le taux de létalité théorique de cette endémie épidémique est de 15 pourcent ; soit environ 15 personnes meurent de la maladie pour cent malades contaminés. Il est donc évident qu'il y a mieux qui préoccupe que ce virus à couronne royale. En aucun cas nous ne disons qu'il ne faut pas y voir clair ! En réalité les crises économiques actuelles pousses des organisations sanitaires mondiales à se complaire de catastrophes d'ordre humanitaire pour absorber des richesses. Ils ne font plus d'amalgame entre l'urgence sanitaire réelle, les besoins des victimes et la nécessité des interventions à grande échelle. La crise sanitaire ou la catastrophe naturelle devient une opportunité financière et est une exigence d'urgence.

La Peste noire, cette pandémie du moyen âge reste difficile à palper de près. Néanmoins, il est unanime qu'elle ravagea la moitié des populations européennes, moyen-orientales et nord-africaines. Malgré la multitude de données, la pandémie fit périr plus de *cinquante millions* de personnes en cinq ans. Même s'il reste difficile à établir un taux de létalité réel, la littérature médicale nous ouvre les yeux sur une valeur approximative de 45 pourcent. La peste noire semble donc 45 fois plus mortelle que le Covid 19. Grace aux avancées médicales et technologiques, cette maladie d'hygiène précaire joue ses dernières cartes quand bien même, il existe encore des cas sporadiques dans le monde. L'espoir d'éradiquer la peste noire n'est plus un rêve, mais une évidence.

Considérée comme l'épidémie la plus meurtrière du vingtième siècle, la grippe espagnole fit plus de vingt-et-cinq millions de morts. Hautement contagieuse, elle s'apparente au Covid 19. En effet, les deux maladies présentent les mêmes modes de transmission et une dangerosité approximative. Théoriquement, le taux de létalité de la grippe espagnole avoisine 2,5 pourcent. Pourquoi ce mal a-t-il fait une hécatombe ? Tout comme le Covid 19 cette épidémie pandémique nous réserve des secrets surprenants. Il faut savoir que la grippe H1N1 a fait de grandes victimes à cause des ambitions militaires d'alors. En 1918, le monde s'est préoccupé de guerre que de la menace réelle qui planait. Le mensonge et la peur de se voir vaincre par l'adversaire contraignit les camps belligérants à garder le silence du mal qui sévissait.

S'il est vrai que le Covid 19 n'est pas aussi dangereux qu'il est présenté par les dirigeants mondiaux, alors que valent toutes ces campagnes de peur ? Pourquoi accordons-nous trop d'attention à cette pandémie ? Fait-elle plus de victimes que le VIH SIDA qui sévit depuis bientôt quarante ans ? Pourquoi contraindre nos sociétés à l'esclavage sanitaire ? Le covid-19 n'est-il pas le moindre des maux qui handicapent ce monde ?

Cependant, à cause des disparus qui ont perdu la vie dans ces hôpitaux de stress, nous nous inclinons devant leur mémoire et avons de la compassion pour leurs familles. Souvenons-nous aussi de tous ceux qui n'ont pas survécu au Covid 19 chez eux à la maison. Souvenons-nous de nos populations terrorisées par les mesures de riposte mondiale contre cette pandémie banale. Malheur aux oiseaux de mauvais augure, ils usent du mal pour faire le mal. Ils viennent à nous comme d'honnêtes pompiers et pourtant ce sont des pompiers pyromanes. Ils ignorent tous que nous sommes tous soumis à la vanité. Nous sommes de simples êtres humains au court séjour sur la terre.

Il est temps de nous appesantir sur nos différends, ceux de notre temps. Avant d'allumer les lanternes de la compréhension, je tiens à dire que toute maladie quel qu'elle soit exige une prise en charge cohérente et individuelle. Si nous souffrons d'une même maladie, nous ne réagissons pas de la même manière car nous n'avons pas les mêmes immunités et le même état d'esprit. S'il faut soigner un malade avec des arguments paracliniques, il est nécessaire que ces arguments soient cohérents et persuasifs. S'il faut le faire avec des arguments empiriques, il est obligatoire que ces arguments soient cohérents et persuasifs.

Une chose à savoir qui ne doit jamais manquer dans la prise en charge d'un patient est l'unicité du patient. Il faut donc soigner le malade selon ses souffrances et son état d'esprit. Les protocoles thérapeutiques globaux doivent être individualisés pour donner la chance à chaque malade de guérir de son mal. Ainsi, Il est aberrant de faire subir à tous les patients le même protocole thérapeutique. Le danger est de buter à des réticences ou des échecs thérapeutiques. Plausiblement, le Covid 19 devrait être traité en fonction du terrain, de l'âge et du profil psychologique des patients.

Le terrain exige de connaitre les maladies associées au Covid 19. IL peut s'agir de l'hypertension artérielle, du diabète, de l'immunodépression ou d'autres maladies métaboliques, auto-immunes et infectieuses. Ceci est primordial pour la réussite du traitement, car plusieurs patients sont décédés de comorbidité que du Covid 19. L'âge permet de mieux adapter les protocoles thérapeutiques aux patients et de surveiller des fonctions vitales telles que le rein, le cœur et le foie. Le profil psychologique des patients est la clef de la réussite thérapeutique. Une simple tension nerveuse chez le patient est déjà synonyme d'une mort probable. Il est évident que le stress déclenche un processus inflammatoire et peut faire synergie avec le Covid 19 pour aggraver la situation.

Dans une pandémie supposée dangereuse, les protocoles thérapeutiques expérimentaux devraient faire la queue des priorités médicamenteuses. Ils devraient d'abord subir le tri des mailles scientifiques pour aboutir à une expérimentation sécurisée et objective. Ainsi, les protocoles thérapeutiques empiriques ne devraient être proscrits, puisqu'ils semblent moins incertains. Dans la mesure d'une absence d'autres alternatives thérapeutiques immédiates et efficaces, ces protocoles devraient être encouragés ! De plus, s'il n'y a pas d'effets secondaires constatés, ce peut être une solution temporaire ! Toi qui contestes et qui n'apportes aucunes autres alternatives résolutives à la pandémie qui sévit, tu es un discoureur à la grande gueule.

La pandémie due au Covid 19 a fait écrire beaucoup de folie. L'acharnement et l'agitation ont faire dérailler la logique médicale. Dans les premières heures de la pandémie, les solutions thérapeutiques proposées ont semblé cacophoniques. Dans les prochains chapitres nous aborderons de façon plus limpide l'incohérence dans la prise en charge de la maladie, la prévention et les exactions des industries pharmaceutiques.

CHAPITRE II : LES EXIGENCES PHARMACEUTIQUES

Le médicament est une arme à double tranchant. Ses effets bienfaisants peuvent être malfaisants au cas où il est abusé. De tout ce qui entre dans notre organisme, le médicament est la deuxième essence indispensable au bon fonctionnement des cellules. Les aliments qui constituent notre première essence vitale sont aussi des médicaments. Cette prépondérance du médicament dans notre existence fait de lui une arme redoutable. C'est pourquoi toute molécule ou pré-médicament devra subir plusieurs étapes d'analyse et d'expérimentation pour devenir un médicament administrable. Le pré-médicament ou candidat-médicament devra d'abord subir une étape d'étude préclinique. Cette étape consiste à examiner les propriétés in vitro de la molécule candidate, puis de faire les mêmes observations in vivo, c'est-à-dire chez l'animal. Si cette étape est convaincante, il devient possible de passer à une expérimentation humaine. Cette expérimentation faite chez l'homme se nomme l'étape clinique.

La première phase de l'étape clinique est d'expérimenter le pré-médicament sur un groupe restreint de personnes saines ou malades en vue d'étudier ses propriétés pharmacologiques, pharmacocinétiques et toxicologiques. Les personnes choisies pour cette phase sont des volontaires assignés à se confiner dans un établissement spécialisé pour subir une pile d'examen. L'objectif du travail est de connaitre les mécanismes d'absorption, de distribution, de métabolisme, d'élimination et la toxicité du médicament candidat.

La deuxième phase se déroule chez des malades volontaires ; elle consiste à rechercher la dose minimale efficace du médicament et ses éventuels effets indésirables. Une première étape consiste à déterminer la dose minimale efficace pour laquelle les effets indésirables sont inobservables ou minimes. Une seconde étape consiste à administrer cette dose à quelques centaines de malades pour rechercher un bénéfice thérapeutique. C'est une étape décisive dans la progression de la recherche clinique.

La troisième phase permet d'évaluer l'efficacité du médicament sur une cohorte de patients plus importante. Il s'agira de quelques centaines de patients en cas de cancer ou des milliers pour des maladies très fréquentes comme l'hypertension. Les volontaires sont le plus souvent répartis en deux groupes afin de comparer l'efficacité du pré-médicament à un médicament de référence ou à un placebo. Cette phase dure souvent plusieurs années, le temps de recruter les patients et de suivre l'évolution de leur état de santé.

Cette étape exige de la patience et de l'endurance pour les équipes de recherche clinique.

La quatrième phase existe après l'autorisation de mise sur le marché du médicament. Elle permet de suivre l'utilisation du produit à long terme dans des conditions réelles d'utilisation afin de détecter des effets indésirables rares ou des complications tardives. Toutes ces étapes nécessitent suffisamment de temps pour voir naitre un nouveau médicament. Il faudrait environ 15 années de recherche pour développer un médicament. Cette durée est très raisonnable parce que le médicament est une arme à double tranchant ; il peut soigner ou empoisonner. A l'ombre de toute cette souffrance scientifique, quelles peuvent bien être les motivations des chercheurs ?

Si la mise sur le marché d'un médicament doit obéissance à ces étapes précitées, pourquoi des exceptions sont-elles faites ? Il est vrai que toute règle génère des exceptions, mais que l'exception soit une contrainte imposante ! En ce qui concerne la découverte et la mise sur le marché du vaccin contre le Covid 19, les industries semblent être allées à la vitesse, brûlant toutes les épates normales de la recherche. Il a fallu moins de six mois pour mettre sur le marché des vaccins contre la fameuse pandémie due au Covid 19. De plus les préliminaires garantissant l'innocuité des vaccins sur l'être humain ont été banalisés ; l'homme devient lui-même le cobaye d'expérimentation. Des millions de doses vaccinales ont été produites afin d'observer leurs effets sur la progression de la pandémie. En réalité, malgré plus d'un an de vaccination, les résultats observationnels sont moins rassurants. Il serait aussi aberrant de croire à la force de ces vaccins alors que l'immunité individuelle et collective a indéniablement influencer la progression de la pandémie.

Au vingt-et-unième siècle une recherche médicale précipitée met en question tous les progrès scientifiques réalisés par la médecine. La folie de la ruée à la médication instantanée a créé une réticence à la vaccination et ternit ses principes fondamentaux. C'est en 1796 qu'un Médecin Anglais nommé « Edward Jenner » offre à la médecine le moyen de prévenir les maladies contagieuses par la vaccination. Il prélève du pus des doigts d'une vachère qu'il introduit dans le bras d'un garçon de huit ans. Ce dernier tombe un peu malade et devient immunisé contre la variole ; il ne fera plus la maladie. Malgré cette démarche empirique de recherche médicale, le principe fondamental de la vaccination est d'immuniser les individus contre toute maladie à caractère contagieux.

Aujourd'hui, malgré tous les moyens dont dispose la science, des industries pharmaceutiques s'efforcent de faire l'apprenti sorcier. Ainsi la sortie prématurée des vaccins contre le Covid 19 a dévoilé ses limites. Cependant, les dirigeants sanitaires s'efforcent à dire qu'il faut se faire vacciner pour ne pas contracter les formes graves de la maladie. Se vacciner, être vulnérable au virus et de plus être contagieux ! Se vacciner deux fois et mieux trois fois pour acquérir une immunisation sûre ! Si rien n'est clair sur cette prévention vaccinale, c'est que la salive a précocement coulé !

Quand des vies humaines sont en danger, nous devons nous sentir tous menacés. Nous sommes tous de la race humaine, si du moins vous l'acceptez aussi ! Si nous perdons notre conscience face au bien-être matériel, nous devenons des animaux animés d'instinct. Lorsqu'un homme perd sa conscience, il devient un loup au milieu des hommes. Il n'est plus un semblable, mais une bête féroce prête à dévorer. Seule la faim règle les humeurs des animaux sauvages. Pour mieux faire la science, il faut d'abord avoir une conscience individuelle et un sentiment de bien-être collectif. C'est la conscience qui régit la vie dans les sociétés humaines ; c'est elle qui nous juge de l'intérieur et nous fait fusionner avec notre milieu. Si nous l'admettons tous, pourquoi alors vent-ont ces fusils aux singes ? Les vaccins contre le Covid 19 ont été trop anticipés, trop faibles pour nous protéger. C'est bien pourquoi le monde fait face à de nouveaux variants inquiétants. S'il faut fabriquer des vaccins pour de nouveaux variants avenirs, combien en faut-il ? Combien de nouveaux variants sont supposés émergés ? Pourquoi s'acharne-t-on sur un virus aussi banal que le Covid 19 ? Qu'elle taux de létalité implique ce virus aujourd'hui ?

L'anticipation et l'acharnement thérapeutique ont bien un mobile. Il s'agit de repeindre les industries pharmaceutiques et les laboratoires de recherche médicale. C'est le moment opportun pour accumuler des graisses afin de résister aux prochaines saisons hivernales. La manne tombe du ciel, servons-nous sans trop réfléchir ; il n'y a pas de temps à perdre. Puisque le monde est affolé et apeuré, il lui faut un remède miracle pour le consoler. L'acharnement et l'anticipation semblent donc bien justifiés. C'est pourquoi un groupe d'hommes malins a bien réfléchi pour faire du chao une opportunité singulière. En face de cette élite rusée, les victimes s'accumulent. Sans remords, les plus malins festoient leurs accomplissements sadiques.

Ouvrez bien les yeux et regardez ! C'est une réalité impitoyable que nous vivons. Loin de moi une prédiction, il est clair que nous ferons de nouvelles épidémies dans les prochaines années. Désormais, il faudra être un peu plus intelligent, honnête et habile ! Ainsi, il faudra soigner ceux qu'il faut soigner et vacciner ceux qu'il faut vacciner. Que ces remèdes soient réels et rassurants, car une vie humaine ne peut être estimée à un prix, aussi élevé qu'il soit.

Nous avons appesantir notre argumentation sur les vaccins contre le Covid 19, mais il y a aussi des médicaments expérimentaux vantés par certains laboratoires. Ces médicaments anciens pour la plupart, n'ont pas amélioré la prise en charge des malades. Nous citons entre autre : le Redemsivir et l'association Nirmatrelvir-Ritonavir. Ces deux médicaments d'une haute toxicité n'ont pas fait grande figure. Le Redemsivir employé précédemment en Afrique de l'ouest pour soigner des patients atteints d'Ebola s'est montré moins efficaces. La précipitation et l'agitation nous a conduit à des actions inefficaces ; la pandémie est devenue de plus en plus forte. Le pire a été de proscrire des traitements empiriques rassurants au profit de ces molécules onéreuses et toxiques. Ainsi l'hydroxy-chloroquine et les antibiotiques traditionnels ont été prohibés pour la prise en charge de la maladie.

Désormais, si la pandémie se rétracte, il faudrait ne pas se réjouir des gouttes d'eau versées sur le feu. Après plus d'un an d'épidémie de ce genre, les immunités individuelles et collectives prennent de la hauteur. Le virus butte contre une muraille immunitaire de plus en plus forte. C'est aussi à cause de cette prémunition immunitaire que le virus mute incessamment. Malgré toutes les méthodes de riposte, le feu s'éteindra naturellement, puisque la pandémie suit son évolution naturelle.

Il est clair qu'il ne faut pas enfreindre à la recherche médicale, mais la recherche médicale devra obéir à l'humanité du monde. Pendant que les recherches avancent, des solutions alternatives immédiates doivent être encouragées pour la prise en charge des malades contaminés. En plus, il est impératif d'aider les populations à une amélioration de l'alimentation et de l'hygiène de vie. Il faut aussi bannir le stress et les anxiétés provoqués par des campagnes sanitaires grossières. C'est une épidémie, ce n'est pas une guerre, ni une menace de guerre ! L'épidémie ne doit pas être un moyen de réduction de la qualité de vie, ni une opportunité à une austérité financière.

La mortalité due à une maladie ne fait pas d'elle une affection dangereuse, mais c'est plutôt sa létalité ! S'il est question de calculer la mortalité de chaque Epidémie dans le monde, il faudra le faire avec plus de sagesse ! Il ne faut surtout pas utiliser le nombre de victimes du Covid19 pour en faire une urgence sanitaire mondiale.

CHAPITRE III : LES CONNAISSANCES EMPIRIQUES ET LA RECHERCHE MEDICALE

L'observation est l'incubateur de la science ; c'est d'elle que sont nés les grands aboutissements de la science moderne. L'observation n'exige pas de nous l'usage de moyens ultra-perfectionnés, nous les avons naturellement. Elle est à la fois interrogatoire et concluante. Elle éveille la pensée critique et pose des équations aux inconnus variables. D'une observation peut découler des déductions scientifiques et cohérentes. L'observation est la porte de la science ; elle nous donne accès à la science, la salle de réflexion. Le célèbre physicien Anglais Isaac Newton fit une observation de routine qui ouvrit la voie de la physique moderne. Selon la légende, assis sous un pommier, l'homme vit une pomme tomber depuis l'arbre. La question qui l'intrigua fit ainsi formulée : pourquoi la pomme est-elle tombée sur le sol au lieu de s'échapper vers le ciel ? Cette interrogation sur la chute des corps vers la terre ouvrit les portes de la physique moderne.

Si la découverte de la pénicilline est attribuée au hasard, la reconnaissance des efforts du médecin et biologiste Anglais Alexandre Fleming mérite une distinction particulière. Le hasard n'existe en réalité jamais ; nous attribuons au hasard des faits qui échappent à nos connaissances rationnelles. En effet, ce fut par une observation minutieuse de ses échantillons de staphylocoque contaminés par des spores de moisissures qu'Alexandre Fleming fit la découverte de l'une des armes les plus redoutables de la médecine moderne. Les spores de moisissures empêchaient la croissance des staphylocoques dans les échantillons étudiés. La pénicilline fut ainsi découverte en 1928 et ouvrit la voie à la recherche de nouveaux antibiotiques.

En 1957, Vincent Zigas médecin Américain et officier de santé en Nouvelle-Guinée signalait une curieuse maladie neurologique qui décimait une tribu locale de Papouasie. Cette étrange maladie se dénommait « Kuru » par les indigènes. C'est Carleton Gajdusek, également médecin de l'armée américaine qui décida aussitôt de passer un an en Nouvelle-Guinée pour élucider ce mystère. L'observation faite par ce médecin présentait les symptômes d'une maladie criarde : début de frissons et ensuite des troubles de l'équilibre évoluant en crescendo ; des tremblements et une incoordination motrice empêchant enfin la station debout. La mort survenait en moins d'un an, le malade étant devenu grabataire. Ce constat observationnel conduisit le docteur Carleton Gajdusek à prélever des échantillons et tissus de victimes qu'il transféra aux Etats-Unis pour examen. La lésion cérébrale découverte rapprochait la nouvelle maladie des encéphalopathies spongiformes. La découverte de l'agent pathogène responsable de la maladie valut le prix Nobel au brave médecin Américain. D'une simple observation symptomatologique, Gajdusek fit connaitre à la médecine moderne un nouvel agent infectieux : le prion, une infime particule protéique transmissible et pathogène.

Si l'observation ouvre la voie de la recherche, il est donc déductible que les connaissances empiriques et la recherche médicale sont indissociables et complémentaires ! Ainsi, la pandémie actuelle pourrait-elle faire exception à la règle ? Pourquoi les solutions thérapeutiques proposées par des écoles médicales ont été rejetées? Si la prise en charge thérapeutique empirique à base de l'hydroxy chloroquine est satisfaisante, pourquoi proscrire la molécule ? L'antibiothérapie a été jugée aberrante et pourtant des malades ont vu leurs maux s'amoindrir grâce à cet usage ! La vitaminothérapie a donné d'amples espoirs dans la prise en charge des malades du Covid 19, notamment la vitamine D et la vitamine C. Cependant les organisations sanitaires n'ont pas fait cas de ce traitement adjuvent. Que dire de l'usage des anti-inflammatoires prohibés au début de la pandémie ! Quelle controverse !

Si la fidélité à un protocole thérapeutique donne des résultats satisfaisants, il faut progresser sur cette voie et ouvrir des recherches afférentes. La recherche de nouvelles pistes thérapeutiques reste et demeure normale dans le but d'aboutir à des solutions médicamenteuses plus meilleures. C'est une hérésie de s'entêter à soigner des malades du Covid 19 avec des protocoles expérimentaux toxiques et incertains ! Lesquels protocoles font empirer l'état des malades qui devraient avoir la chance de guérir. Quels intérêts avez-vous à valoriser des protocoles thérapeutiques expérimentaux sombres ? Mieux vaut chercher une aiguille en plein jour que de le faire en pleine nuit ! S'il faut le faire en pleine nuit, que la vie de l'homme ne soit pas mise en danger.

Avant de pénétrer le cœur de notre réflexion, présentons d'abord le fameux Covid 19. L'agent responsable de la maladie est un coronavirus appartement à la famille des beta-coronavirus. C'est un virus ARN hautement contagieux qui présente des mutations géniques élevées comparativement au virus de la grippe et du VIH. La maladie se transmet par contact rapproché avec une personne infectée : soit par voie aérienne lors de la toux ou l'éternuement, soit le virus est manu-portée vers la bouche ou les muqueuses et rarement par contact avec les selles.

Bien qu'étant très contagieux, le virus est fragile à l'air libre, mais peut persister sur des surfaces humides plusieurs jours. Contaminé, l'homme présentera les premiers symptômes dans trois à cinq jours ou voire jusqu'à deux semaines.

L'incubation peut varier selon la réponse immunitaire de chaque individu. La maladie se manifeste par des symptômes inauguraux et des symptômes tardifs : **fièvre, toux, fatigue, douleur à la gorge**, *perte du goût et ou de l'odorat*, **plus tard des difficultés respiratoires peuvent survenir, des troubles digestifs à type de diarrhée et ou vomissement**.

Depuis l'antiquité jusqu'à cette heure, la médecine moderne connait de nombreux échec dans la lutte contre les agents pathogènes viraux. Cette difficulté à transcender le mur est due à la grande variabilité des virus et à leur caractère mutagène particulier. Néanmoins, notre organisme possède plusieurs mécanismes physiologiques de défense contre ces envahisseurs malins. Revitalisé et soutenu, il arrive à bout de ces virus dans la plupart des cas. C'est l'exemple de la rougeole, la varicelle, la grippe viral... et les oreillons où l'immunité renforcée neutralise les virus. Les capacités de l'organisme à combattre les germes viraux gardent encore de nombreux secrets. Cependant, plusieurs agents pathogènes viraux entravent la bonne coordination du système immunitaire. Ils sont responsables de maladies chroniques et de déficience de l'immunité.

Parlant du Covid 19, la maladie peut mieux être prise en charge malgré ses manifestations multi-viscérales. Exploitons d'abord les connaissances empiriques utilisées par quelques écoles de santé. Des équipes médicales ont suggéré l'usage de l'hydroxy chloroquine conformément à ses propriétés pharmacologiques. Selon elles, les patients soumis à la molécule et à des antibiotiques guérissaient en plus grand nombre avec un délai d'hospitalisation réduit et un taux de mortalité négligeable. Ainsi, qu'est-ce l'hydroxy chloroquine ou chloroquine ?

Extraite du quinquina, plante utilisée depuis plus de quatre siècles dans la prise en charge de maladies fébriles, la Chloroquine vit le jour en 1936 et fut mise sur le marché en France en 1949. La molécule fut utilisée depuis ces années pour la lutte et la prévention contre le paludisme. Plus tard, elle devint utile au traitement du Lupus et des maladies rhumatoïdes auto-immunes. Des propriétés antivirales de la molécule ont été révélées, mais pas encore prouvées de façon persuasive. La chloroquine diminuerait la charge virale aucours de certaines maladies causées par des virus !

Partant d'un constat empirique, si l'hydroxy chloroquine améliore l'état de santé des malades du Covid 19, il faut l'associer inéluctablement à la prise en charge de la maladie ! Cet usage immédiat de la molécule séculaire n'empêche pas de faire d'autres recherches médicales. Puisqu'il n'y a encore pas d'autres alternatives thérapeutiques meilleures, il serait utile de le prescrire ! Proscrire donc son usage devient un acte criminel délibéré !

Pourquoi l'usage d'un antibiotique contre une maladie virale ? Si cela est justifiable, lequel des antibiotiques choisir ? L'association de la chloroquine à un antibiotique dans la prise en charge des malades du Covid 19 peut être cohérente. Même si vous n'êtes pas médecin ou biologiste, il faut savoir que notre organisme vit avec une multitude de micro-organismes. Ces germes peuvent être des agents infectieux, des parasites ou des germes saprophytes. Lorsque les mécanismes de défense du corps s'affaiblissent à cause d'une menace infectieuse ou autre, ces germes peuvent devenir virulents et favoriser l'aggravation de la maladie en cours.

Après incursion dans l'organisme, le coronavirus envahit le tissu pulmonaire où il pénètre les pneumocytes pour se multiplier et infecter de nouvelles cellules. Le tissu pulmonaire devient alors un foyer d'incendie avec de grandes décharges tissulaires de cytokines. Ces médiateurs pro-inflammatoires activent la réponse immunitaire non spécifique et spécifique. L'exagération de la réponse inflammatoire aboutit à des lésions du parenchyme pulmonaire qui perturbe les échanges gazeux. Le tissu broncho-pulmonaire peut-être aussi le siège de bactéries résiduelles telles que : Pseudomonas aeruginosa, Haemophilus influenzae, Staphylococcus aureus, pneumocoque. *Ces bactéries banales peuvent aggraver l'état des patients infectés par le Covid 19. Elles sont sensibles pour l'ensemble aux céphalosporines de troisième génération et aux macrolides : il s'agit en effet des ceftriaxones et de l'azythromycine.*

Une antibiothérapie de couverture est donc justifiable dans le traitement du Covid 19, parce que le micro-biote pulmonaire regorges de nombreuses bactéries saprophytes ou pathogènes. Ces bactéries peuvent soudain basculer au profit de la maladie en cours et la rendre plus virulente. En plus de ce protocole simple d'usage, la vitaminothérapie serait de bon usage pour booster l'immunité! Deux vitamines ont attiré l'attention des chercheurs à cause de leurs actions bienfaisantes sur le système immunitaire : ce sont La vitamine D et la vitamine C.

Nous soutiendrons l'usage de la vitamine D pour ces effets positifs sur le système immunitaire. Bien qu'elle puisse provenir de certains aliments, la vitamine D ou le cholécalciférol est en réalité une hormone fabriquée à partir du cholestérol depuis l'épiderme. Il suffit d'une simple exposition aux rayons ultraviolets du soleil pour déclencher sa synthèse. Elle est alors transportée et transformée au niveau de la fois, puis des reins pour donner sa forme active, c'est-à-dire le calcitriol. Cette vitamine liposoluble favorise l'expression du génome cellulaire ; elle booste la différenciation des lymphocytes T. Ces cellules sont impliquées dans la défense spécifique de l'organisme contres tous les agents infectieux. C'est de ces cellules que proviennent les lymphocytes T4, cellules coordinatrices de l'immunité.

Ainsi la vitamine D serait d'un grand apport dans la prise en charge des malades du Covid 19. Proposée comme un adjuvent thérapeutique, cette substance pourrait faire gagner les équipes soignantes en temps et effort. De tous les protocoles de prise en charge du Covid 19, sachons qu'un protocole victorieux quel qu'il soit vaut mieux qu'un protocole défaitiste.

En plus de ces molécules précitées, parlons du fameux tabou qui prévalut au début de l'épidémie : « Il ne faudrait surtout pas utiliser des anti-inflammatoires pour la prise en charge des malade du Covid 19. » Qu'elle incohérence ! Les sons des notes médicales semblent cacophoniques. Il est indéniable que le Covid 19 est une maladie fortement inflammatoire. Pourquoi alors proscrire l'usage des anti- inflammatoires ? C'est la riposte immunitaire à outrance qui provoquerait des lésions graves au niveau du parenchyme pulmonaire et d'autres tissus du corps ! Le recours aux anti-inflammatoires, notamment les anti-inflammatoires non stéroïdiens est justifiable pour mieux soigner les patients infectés. Il faut moduler l'immunité avec ces molécules et soutenir son action par des médicaments probants. Il peut s'agir d'antibiotiques, d'antiviraux, de vitamines ou autres molécules adjuvantes.

Il ne faudrait surtout pas utiliser une seule molécule pour la prise en charge du Covid 19 ; il faut associer des molécules fiables pour un meilleur rétablissement des patients. Le traitement dépendra de l'âge et du terrain des malades. Cet exemple peut-être un protocole de prise en charge simplifié: un Antibiotique et ou l'hydro chloroquine associé à une vitaminothérapie et un antalgique. Parmi les anti-inflammatoires non stéroïdiens, l'usage de la dexaméthasone est sans contestation ; le produit provoque une immuno-modération, diminue l'inflammation tissulaire, lutte contre la douleur et crée une sensation de bien-être. A propos de douleur, des molécules telles que la noramidopyrine et le paracétamol peuvent être utilisées.

Aujourd'hui, après avoir fait des victimes, la science accepte l'usage des corticoïdes. Quelle perte de temps ! Ce médicament aurait pu soulager de nombreux patients malheureusement perdus. L'empirisme médical est une expérience médicale encourageable ; sa valeur peut être approuvée ou condamnée par la recherche médicale. Quand l'usage de molécules déjà connues améliore la santé de nos malades, nous devons saisir l'opportunité présente pour faire barrière à une hécatombe. Cependant, il ne faudra surtout pas borner la prise en charge des patients par une expérience empirique, il faudra aussi trouver de nouvelles options thérapeutiques. Ces options thérapeutiques devront se plier aux exigences de la recherche sans jamais exposer des vies humaines au danger.

En concordance avec les traitements étayés précédemment, une option thérapeutique incontournable mérite sa grande place : il s'agit de la réhydratation. Savez-vous que l'eau constitue 75 pourcent du poids corporel chez le nourrisson et 60 pourcent du poids corporel chez l'adulte ? Sans eau il est impossible aux cellules de fonctionner correctement, l'eau est le liquide qui favorise les échanges cellulaires et équilibre les milieux. Il faut toujours de l'eau pour nettoyer et épurer les milieux ; ainsi le rein ne peut s'en détourner car il lui faut obligatoirement de l'eau pour épurer le sang. Si ce constat est vrai, tous les malades du Covid 19 devraient bénéficier d'une réhydratation journalière de 2 litres d'eau ou de sérum physiologique pendant au moins trois jours. Les besoins journaliers en eau peuvent être estimés en fonction des pertes hydro-électrolytiques. L'hydratation ou la réhydratation peut se poursuivre au-delà de trois jours chez les patients encore malportants. Cet argument thérapeutique est justifiable du fait que le Covid 19 déshydrate le malade par la fièvre, les restrictions hydriques ou les troubles gastro-intestinaux.

Si de bonnes options thérapeutiques de ce genre existent, quelles motivations ont contraint les décideurs sanitaires à s'en défaire ? Peut-être qu'il serait trop facile de montrer les secrets d'un tour de magie à un public qui en raffole ! Ou il est mieux de démontrer la gravité d'une épidémie par le nombre de ses victimes ! Il est évident qu'un malade qui se tord de douleur exige une prise en charge d'urgence. Peut-être que le chômeur a trouvé un meilleur emploi et ne voudrait plus le perdre au risque de retourner à son ancien train de vie. La recherche sur les coronavirus essoufflée précédemment a retrouvé de nouvelles opportunités béantes grâce à la pandémie due au Covid 19. Il est donc meilleur de mystifier l'ouvrage pour en tirer un bon prix !

Tous les décideurs scientifiques et sanitaires ont peut-être entendu ces mots qui sonnent à notre être intérieur comme une cloche : « science sans conscience n'est que ruine de l'âme.» Aujourd'hui, au-dessus de la conscience de l'homme, l'argent prône une nouvelle science. La destruction n'est plus un frein aux progrès scientifiques, l'argent ouvre toutes les voies de la recherche. Il offre des forces incroyables pour la réalisation de toutes les ambitions humaines. C'est par ce pouvoir malin de l'argent que les décideurs scientifiques et sanitaires ont perdu leurs consciences. Ils raisonnent aux rythmes des offres qui leur sont faites. Tout comme des nénuphars sur l'eau, ils vacillent au rythme du vent. Leurs vêtements riment aux couleurs de leurs intérêts. C'est un regret que l'humanité soit détenue par un groupe d'individus malins, indifférents, prétentieux et menteurs.

Dans ce monde en désespoir, des hommes d'une rare espèce inventent la peur et la psychose pour en faire un très bon marché, une opportunité infaillible. Parlant du Covid 19, nous avons certes conscience que la maladie est réelle, mais est-elle la seule qui sévit dans le monde ? Le Covid 19 est une maladie semblable à de nombreuses maladies qui hantent le monde actuellement. Il est temps de nous accoutumer à ses exigences et de l'éradiquer avec conscience. L'immunité individuelle et collective ont mieux faire régresser cette pandémie que ces petites injections aux doses et aux effets incertains. En attente de solutions vaccinales et médicales sérieuses, les malades doivent être traités avec la plus grande attention. Toutes les options thérapeutiques justifiables et probantes devront être encouragées dans la prise en charge des malades. Laissons donc le temps aux expérimentations médicales afin d'aboutir à des solutions efficientes pour le bien-être de l'humanité. Il y d'autres préoccupations médicales que nous ne devrons pas oublier au profit du Covid 19 : Ebola, Marburg, Hépatites virales, Fièvre jaune, VIH-SIDA…

A propos des moyens actuels de la prévention contre le Covid 19, il faut noter que les mesures barrières restent et demeurent les meilleures armures de protection contre la maladie. De façon générale, l'hygiène nous éloigne de nombreuses maladies. Ainsi, il faut se laver les mains régulièrement, porter correctement un masque en public, et garder une distance de sécurité dans les attroupements humains. En plus de ces gestes responsables, il est nécessaire d'avoir une bonne hygiène alimentaire et de faire des exercices physiques. L'hygiène alimentaire exige une nourriture saine, équilibrée et sans excès. Dans les milieux les plus pauvres, profitez des protéines et des fruits disponibles en plus de votre ration alimentaire de subsistance. Il ne faut surtout pas faire du ventre une poubelle de nourriture ! La pauvreté ne doit pas être associée à l'insalubrité alimentaire.

L'exercice physique est un bon moyen de redynamiser nos fonctions vitales ; il est favorable à toutes les couches sociales. Le sport améliore le flux sanguin du cœur vers les organes et tissus. La performance des fonctions vitales s'améliore, notamment celle des poumons, du cerveau, du rein et du cœur.

L'immunité est d'emblée stimulée et la protection contre les agressions infectieuses ou physiques est mise en alerte. En plus de cet avantage naturel, l'activité physique déclenche la dégradation des excès alimentaires et métaboliques. Par ce mécanisme de combustion, nous prévenons des comorbidités qui peuvent s'associer au Covid 19 : il s'agit le plus souvent de l'obésité et du diabète de type 2. L'activité physique est un bon moyen de lutte contre le Covid 19. Voici un bon conseil pour les soignants : ne stigmatisez pas vos malades, accueillez-les avec joie, rassurez-les et soignez-les avec la plus grande expérience professionnelle. Nul ne désire être malade, nul n'est ami de la maladie.

Au cours de la maladie due au Covid 19, l'affectation de patients en réanimation est la conséquence d'une négligence double. D'une part les autorités sanitaires ont conseillé aux patients de se confiner chez eux jusqu'à l'apparition de symptômes alarmants. Ils firent des recommandations incohérentes en suggérant aux malades de prendre des antalgiques en cas de fièvre et douleur. Hors de nos frontières, les maisons de retraite furent durement frappées par ces mesures irresponsables. Fragiles et innocentes, les pensionnaires des maisons de retraite fut livrée au Covid 19. L'arrière-plan de ces recommandations publiques consistait à éviter une saturation des services de santé. En Afrique, malgré la dégradation des services sanitaires et la pauvreté galopante, la riposte a été meilleure que dans les pays développés. Il serait orgueilleux d'attribuer cette résistance au virus à une éventuelle efficacité des soins ! En clair, la floraison de centres de soin privés a permis à des nombreux malades du Covid 19 d'avoir accès aux soins aisément. De plus, le facteur immunitaire a été très décisif chez les Africains ! Il faut savoir que le système immunitaire se construit comme une armée : plus de guerres fait de braves soldats et crée des unités spécialisées et expérimentées. Les Africains vivent avec beaucoup plus d'exposition aux agents infectieux que les plus nobles habitants de la terre. Ainsi le système immunitaire Africain semble plus résistant à l'agression microbienne. Nous pouvons en déduire que les conditions extrêmes de vie ne sont pas forcément équivalentes de misère ! La nature nous impose des exercices tous le temps afin de fusionner avec elle. Au-dessus de ces argumentaires, il faut savoir que toutes les options thérapeutiques ont été possibles en Afrique. La réticence aux possibilités médicamenteuses soulevées par les grandes organisations sanitaires internationales a fait exception en Afrique.

D'autre part, les malades du Covid 19 se sont laissés piégés par la peur et ont attendu l'apparition du pire pour se faire admettre en soins intensifs. Le traumatisme psychique a contraint de nombreux malades à souffrir à domicile au lieu de se faire admettre dans les centres de soin appropriés. Au regard de cette réalité flagrante, les comorbidités associées au Covid 19 ont permis à la maladie de trainer les malades jusqu'en réanimation. Il s'agit des maladies chroniques ou aigues connues ou diagnostiquées chez les malades infectés du Covid 19. Parmi elles nous pouvons citer : le diabète, l'hypertension artérielle, l'insuffisance rénale, l'insuffisance cardiaque, la bronchopneumonie chronique obstructive, l'asthme bronchique, les hépatites virales, le VIH-SIDA...

Malgré tous ces facteurs adjuvants et aggravants, la consultation précoce demeure la clé d'un éventuel succès thérapeutique. Dans le souci d'éviter une saturation des services sanitaires, il faut multiplier les aires de soin afin de prendre en charge un maximum de patients contaminés. Un atout serait l'instauration des services sanitaires privés dans la prise en charge des malades. Les services sanitaires publics et privés travaillent tous pour le bien-être des populations.

CHAPITRE IV : LE COVID 19 ET LES EPIDEMIES AVENIRS

La crise sanitaire actuelle est loin d'être la dernière de notre ère. Si elle a bouleversé notre monde, elle demeure cependant une opportunité d'apprentissage pour l'avenir. Les erreurs du passé devront nous instruire pour mieux gérer l'avenir sanitaire du monde. Les victimes du Covid 19 nous laissent des yeux échaudés ; si nous étions francs et plus d'exigeants, nous aurions dû avoir moins de peines. Malheureusement, le monde est piégé dans une atmosphère mercantile. Ce n'est plus l'heure de la morale, c'est le moment opportun de faire des bénéfices à tous les prix. Il vaudrait mieux appartenir à ce groupe de malins que d'être dans cette couche ignorante de la population ! Quelles mauvaises postures d'être avec les bourreaux de ce monde !

Il est temps de parler du futur de ce présent mal pandémique. Avant toute incursion sur le sujet, il faut savoir que les agents infectieux vivent sur la terre depuis plusieurs décennies ; ce sont nos cohabitants immédiats et indissociables dont la plupart sont plus vieux que l'espèce humaine. Nous sommes donc contraints de moduler nos actions dans la nature, car nous n'y sommes pas les seuls. La nature même nous condamnera, car elle réagit à toutes nos actions. Elle répond systématiquement aux exigences que nous lui imposons. Si nous la respectons, elle nous respectera aussi ; si nous avons de la peine pour elle, elle fera de même pour nous. Il est normal de souffrir des réactions de la nature si elle répond à nos agressions ! C'est le principe élémentaire de l'action et de la réaction.

A quoi ressemblera la prochaine épidémie mondiale ? Emergera-t-elle de la nature ou sera-t-elle d'origine humaine ? La pandémie fera-t-elle encore une hécatombe ? Combien de vaccins nous imposera cette nouvelle Pandémie ? La nature ne trahit jamais, elle reste fidèle à ses principes et réagit proportionnellement à toutes les actions entreprises sur elle. La nature est le siège d'un équilibre d'échanges, d'une symbiose vitale hors de l'entendement humain. La nature est le biotope des organismes simples et complexes qui participent à l'équilibre des forces vitales. Dans la nature, plusieurs microorganismes vivent à l'état actif ou inactif et garantissent la vie sur terre par leurs activités microbiologiques. Parmi ces organismes vivants ou latents, il existe plusieurs agents infectieux. Malgré leurs caractères pathogènes ou contagieux, ces organismes ne sont pas forcément nos ennemis ; ils garantissent l'équilibre de l'écosystème, le développement immunitaire des espèces et la croissance de la terre.

La santé de notre espèce dépend de ces micro-organismes dits pathogènes ou contagieux. Ces organismes nous aident à résister aux contraintes du temps et de l'espace en développant notre immunité et nos fonctions vitales. Ils nous immunisent contre des maladies spécifiques connues et d'autres maladies que nous ignorons. C'est une folie de croire faire disparaitre ces cohabitants présents en nombre indéfini dans notre milieu. Cependant, il faudra savoir se protéger et s'immuniser contre ces voisins indissociables à l'existence. C'est aussi une folie de les provoquer jusqu'à les transformer au risque de mettre en péril l'existence humaine ! Il est pourtant intelligent d'apprendre à les connaitre que de croire à leurs éradications de la terre.

S'il existe une menace qui peut mettre en péril la sécurité des humains, ce n'est ni la nature ni ses forces vitales, mais c'est la nature des hommes. Les hommes deviennent de plus en plus ingénieux et agressifs au regard de leurs entreprises. Ils creusent le cœur de la terre à la recherche de richesses en usant de violence et d'intelligence. Ils y laissent des produits nocifs et mutagènes au péril de la vie des micro-organismes présents. Connaissez-vous le cyanure utilisé dans les exploitations aurifères ? Ils détruisent les forces d'équilibre de la nature en instaurant la déforestation et la désertification. Ainsi, les écosystèmes forestiers font place à de vastes portions agricoles florissantes de semailles génétiquement modifiées. Dans le souci de rentabiliser les récoltes, ils usent d'engrais probablement dangereux pour enrichir les sols. Les engrais s'accumulent dans les sols et les rendent impropres à la vie de microorganismes utiles. Plusieurs bactéries et agents terriens disparaissent à cause de l'empoisonnement des sols. L'azote contenu dans certains engrais peut se volatiliser sous forme de gaz à effet de serre. Les herbicides utilisés pour chasser les mauvaises herbes détruisent la plupart des microorganismes nécessaires à l'équilibre du milieu. Ces herbicides sont des produits à la fois dangereux pour la flore naturelle et les microorganismes de notre environnement. Ils sont aussi toxiques pour l'homme que pour les herbes dites envahissantes.

La démesure des agglomérations urbaines transforme notre environnement naturel en blocs de ciment et de pierres. Ainsi, naissent des villes à l'image des ambitions pharaoniques des hommes. Ils bouleversent le fond des mers pour transporter des trésors marins dans des demeures éphémères. Ils y trouvent aussi de la pitance en polluant les profondeurs des mers les plus inaccessibles. Il ne faut surtout pas se soucier de la vie marine ni de ses habitants, mais l'enjeu des exploitations demeure la boussole. Grâce à des inventions imparfaites, les hommes polluent l'atmosphère avec des gaz suffocants. Il s'agit de créations utiles, mais dangereux pour l'équilibre de l'écosystème. Les industries fument chaque jour des tonnes de dioxyde de carbone dans l'atmosphère terrestre. Elles sont soutenues par les engins automobiles qui empoisonnent nos agglomérations urbaines et nos espaces aériens.

Dans sa quête du savoir et de puissance, l'homme enclave la nature et l'emprisonne. Il l'accable de liberté, l'empêchant ainsi de foisonner pour la reproduction et l'épanouissement de ceux qui la peuplent. Il n'est plus question de symbiose, désormais c'est l'homme qui décide du sort de la nature. Pourtant, la nature nous est si généreuse et douce depuis qu'elle existe. Malgré toutes les exactions humaines à son égard, la nature nous invite à la connaitre. Elle nous donne encore l'opportunité de faire de nouvelle noce d'amour avec elle. Elle nous invite à la douceur comme une vierge appelle son fiancer à l'amour. La nature désire nous livrer tous les secrets de sa création, connaissances voilées que nous ignorons jusque-là. Malheureusement, le temps des amours romantiques est passé, l'homme possède des desseins plus nobles à exécuter. Désormais, la nature est un jouer amusant à la portée des hommes. Elle est dans le nez de l'homme, sur sa tête, sous ses pieds et dans ses entrailles. Aujourd'hui, les acteurs de l'équilibre des écosystèmes vivent avec l'homme dans des éprouvettes expérimentales. Les garants de l'équilibre environnemental sont emprisonnés dans des cages dorées pour le plaisirs des hommes modernes. La science travail ingénieusement au péril des vies humaines. Elle agresse délibérément la nature et expose la race humaine à des calamités sanitaires et environnementales inéluctables.

En réponse aux menaces flagrantes perpétrées en son encontre, la nature réagit en s'adaptant aux agressions afin de pérenniser sa survie. Les micro-organismes agressés revêtent de nouvelles textures génétiques pour survivre. Malgré sa force infinie, la nature riposte proportionnellement aux outrances humaines. Elle nous accable d'eau, nous affame, nous amaigrit, nous affaiblit et nous tue. Les légions de la nature s'éveillent en produisant de nouveaux agents infectieux plus virulents et hautement mortels. La colère de ces nouveaux germes pathogènes inflige aux hommes des tourments infernaux. Responsables des malheurs, les hommes incriminent par la force de leurs savoirs les auteurs du mal. Hébétés, ils projettent de faire disparaitre de la nature ces microorganismes supposés dangereux. Malheureusement, les hommes oublient qu'ils ne sont que d'infimes éléments de la nature et ne peuvent en aucun cas être plus fort qu'elle. Il revient à la nature de décider du sort de l'homme, car la vie de l'homme sur terre ne dépend que de l'équilibre de la nature et de son écosystème.

A la vue de ces faits précités, il est déductible que la prochaine menace sanitaire sera d'origine humaine. Elle sera provoquée par l'homme, par ses desseins capitalistes. Les hommes éveilleront des agents pathogènes endormis, de vraies armes biologiques hautement létales et mortelles. Il s'agira de nouvelles menaces qui ébranleront le monde, des menaces différentes de celles que nous avons déjà connues. Les souffrances humaines seront attisées par des agents pathogènes dotés d'une virulence réelle. Ils seront plus contagieux, plus morbides et plus mortelles et causeront des souffrances humaines réelles. Les faits ne seront pas édulcorés pour des intérêts impérialistes ou capitalistes. Ce ne sera pas comme la fausse menace sanitaire mondiale due au Covid 19. Il y aura une réelle urgence sanitaire mondiale, une vraie menace de vies humaines. Le théâtre d'un drame gravissime ne prévaudra pas, il n'y aura pas de mise en scène macabre. Cette pandémie ne sera pas d'une létalité mineure, elle ne sera pas comme la grippe H1N1, le Syndrome respiratoire aigu sévère du Moyen-Orient, le Covid 19. La létalité de cette pandémie rivalisera avec celle d'Ebola, du Marburg ou de la peste noire. Cependant, il reste évident que d'anciennes épidémies ressurgiront et feront de malheureuses victimes.

Que faut-il faire face à ces menaces sanitaires avenirs et certaines ? Quelles conduites devrons-nous adopter ? Il est temps de réviser nos projets de développement social et nos programmes scientifiques de recherche. Ces programmes de développement social doivent être réels et promus dans les sociétés les plus démunies. La recherche scientifique devra toujours se plier à l'éthique, la déontologie et au bien-être de l'espèce humaine. Rappelons-nous que la science exercée sans conscience n'est que la perte de l'âme. Il faut panser les brûlures que nous avons laissées dans la nature. La politique de reboisement devra faire renaître les espaces verdoyants que nous avons consumés. Il faut faire reposer nos sols et décontaminer notre atmosphère en minimisant nos activités invasives sur l'écosystème. Les travaux scientifiques doivent être axés sur des questions réelles et utiles. La sécurité de la nature, de l'écosystème et de l'homme doit être prioritaire dans toutes les aventures scientifiques. Quand bien même il soit impossible d'éviter des Epidémies malgré la minimisation de l'action humaine sur la nature, il est évident qu'avec des activités responsables l'hécatombe puisse être évitée.

Le choix des thérapeutiques devra se faire selon les exigences des épidémies avenirs. L'option vaccinale doit être profondément étudiée afin d'éviter les vaccins imprécis et incertains. La politique commerciale pharmaceutique ne doit pas contraindre les populations à une obligation thérapeutique ou vaccinale, mais elle devra être au service du bien-être des populations. Dans le cadre de la riposte préventive contre la pandémie avenir, il faudra globaliser les services de santé privés et publics pour une coordination sanitaire intégrée. La gestion de la nouvelle pandémie ne devra pas être monopolisée par les services publics. L'inclusion des services sanitaires privés dans la prise en charge des malades sera d'un grand atout pour la riposte. En plus, la politique sanitaire des pays devra privilégier la formation du personnel de santé. Il faudra aussi construire des centres de recherche clinique et des services de santé. Les populations devront être éduquées à de meilleures conditions d'hygiène corporelle, vestimentaire, environnementale et alimentaire. Tous les acteurs de la santé devront avoir un langage médical cohérent, une argumentation thérapeutique persuasive et bénéficier d'un cadre de travail adapté.

L'union médicale mondiale sera le cœur de la riposte avec des options thérapeutiques libéralisées. Les menaces de conglomérats industriels ou de pouvoirs politiques ne devront en aucun cas freiner la libre opinion médicale. La force des pouvoirs publics devra être au service des soignants pour endiguer la menace. Les recherches médicales humanisées devront être la boussole du progrès scientifique. Il faudra promouvoir des soins médicaux plus efficients et moins discriminants. Les protocoles thérapeutiques détenant des résultats satisfaisants primeront sur les autres approches médicamenteuses. L'accès aux soins ne sera pas monopolisé par les couches sociales bourgeoises. Les libertés individuelles et collectives devront être respectées pour le bien-être des sociétés. L'amélioration des conditions alimentaires et sociales soutiendra la riposte. La chute des emplois et la pauvreté sont des facteurs d'accroissement du stress et de la vulnérabilité des populations aux épidémies. Des équipements de protection individuels plus simples devront voir le jour pour un usage plus étendu. Professeurs, formateurs, médecin et agents de soin devront déployer leur génie à la riposte. Il ne sera pas question d'individualité, de singularité, de particularité, mais d'un ennemi commun à combattre. Debout d'un trait la médecine sera un bouclier anti-infectieux contre toute endémie, épidémie ou pandémie émergente.

CHAPITRE V : L'ORGANISATION DE LA SANTE MONDIALE

Qui est le garant de la santé des hommes ? Comment pouvons-nous aboutir à un bien-être physique, social et moral durable ? Que doit-on faire ? De nos jours, plusieurs programmes d'organisation de la santé mondiale sont en exécution dans les pays. Malgré ces efforts incontestables, il y a encore du pain sur la planche. En effet, des endémies, des épidémies et des pandémies persistent dans le monde faisant des ravages de plus en plus considérables. Les populations souffrantes de la malnutrition depuis des décennies sont encore soumises au poids de la sous-alimentation. Les guerres et bruits de guerre animent le quotidien de nombreux citoyens dans le monde. Il en résulte des populations déplacées qui stagnent dans des camps de réfugié en attente de leur retour en terre promise. L'organisation de la santé mondiale devrait remédier à ces fléaux afin de mener à bien sa politique d'instauration d'un équilibre sanitaire mondiale.

Pragmatiquement, la tâche reste difficile car les services de santé crées dans les Etats sont différents en capacité, équipements et moyens financiers. Il est donc peu probable d'instaurer un programme mondial de la santé pendant que les systèmes de santé des pays sont tous discordants. Les pays développés détiennent des structures sanitaires plus équipées et des laboratoires ultra-modernes. Dans ces pays, les budgets alloués à la santé sont faramineux et conséquents pour faire face aux besoins sanitaires des populations. Comparés au pays riches, les pays pauvres sont incapables de développer des systèmes de santé forts et fiables. D'une part cette situation trouve des réponses dans la politique de coopération internationale entre pays riches et pays pauvres. En effet, les pays riches usent de la corruptibilité des dirigeants de pays démunis pour surexploiter les ressources génératrices revenus. Ils imposent dans les pays pauvres des systèmes de santé dépendants de leurs objectifs propagandistes et impérialistes. Ceci aboutit à une dépendance économique et technique provoquant une subordination sanitaire envers les pays riches. D'autre part, les aides octroyées aux pays pauvre pour redynamiser leurs systèmes de santé sont détournées et profitent à une élite intellectuelle corrompue.

Malgré cet écart de taille entre les deux pôles sanitaires, les arbitres de la santé mondiale, supposés veiller impartialement sur la santé globale des populations jouent des cartes en faveur des pays riches et puissants. C'est une réalité indéniable dans laquelle les pays riche manœuvrent les organisations sanitaires et humanitaires afin de pérenniser leurs convoitises industrielles et impérialistes. Les maladresses précitées entravent la politique d'instauration d'un équilibre sanitaire mondiale.

Si le monde aspire à un équilibre sanitaire mondial, il est impératif d'éliminer les fléaux qui déshumanisent nos sociétés et de lutter contre les écarts sociaux discriminatifs. Ainsi, il faudra d'abord éliminer la corruption, la famine et les guerres impérialistes et les querelles bestiales. L'étape suivante consistera à développer des programmes honnêtes de lutte contre les maladies, endémies et épidémies meurtrières. Ensuite, il faudra développer un programme mondial de croissance économique basé sur l'accès aux emplois, la réduction du coût de vie et la coopération internationale gagnant-gagnant. Il ne sera plus question de faux appuis au développement, de fausses dettes d'Etats et de complaisants transferts de compétence. Le monde ne devrait plus être la propriété d'un individu ou d'un groupe d'individus, mais l'héritage de tous les humains. Ce ne sera plus plusieurs mondes dans un monde, mais un monde unique, un monde agréable pour tous les humains. Le monde deviendra alors une sphère de divers échanges équilibrés, de bien-être général et d'intérêt global.

Par ailleurs, les organisations médicales internationales devront réviser leurs activités traditionnelles. Elles devront vulgariser les services sanitaires en faveur des couches démunies, des malades et des handicapés. Ces services doivent être réels et philanthropiques ; ce ne sera pas une apparence d'aide ou une propagande d'assistance humanitaire. Il ne faudrait pas mettre la politique de visibilité des organisations sanitaires et humanitaires au-dessus des souffrances réelles des populations. Les activités menées par ces organisations doivent être effectives, efficientes et aboutir pragmatiquement au bien-être des populations en détresse. Les pouvoirs publics devront créer des emplois aux jeunes et favoriser des zones de croissance économique. Il s'agira de faciliter l'accès aux emplois et de stimuler le développement du secteur informel. Dans les pays démunis, le coût de l'alimentation devra être réduit pour améliorer les conditions alimentaires des populations et lutter contre la malnutrition.

Dans ce même ordre d'argumentation, il faudra faciliter l'accès aux médicaments génériques et aux molécules de spécialité. Les Etats et les organisations sanitaires internationales devront subventionner les médicaments essentiels afin de les rendre accessibles aux plus démunis. Il pourra s'agir de médicaments contre le diabète, l'hypertension artérielle, l'asthme, le paludisme et d'autres maladies sévissant dans le monde. Les prestations sanitaires onéreuses doivent être prises en charge par des services sanitaires nommés et assignés à cette tâche. Si un patient ne peut s'offrir les chances d'une greffe du rein, pourquoi le laisser périr ! Il est impératif de faire fleurir les services sanitaires en fonction des besoins populaires. Ces services de soins doivent être fonctionnels et accessibles à tous les citoyens. Le besoin de se faire soigner doit être personnellement exprimé et la sécurité du patient devra primer sur les intérêts pharmaceutiques du médicament. Les populations ne devront plus être contraintes à une vaccination ou une quelquonque médication. Ainsi, les discriminations sociales fondées sur l'adhésion à thérapie spécifique devront être éradiquées de notre monde. Librement et volontairement, les populations pourront adhérer aux programmes de bienveillance sanitaire des organisations médicales et humanitaires.

Aujourd'hui, l'actualité sanitaire mondiale noie les efforts des programmes mondiaux de la santé. En effet, malgré de nombreux programmes sanitaires et humanitaires développés dans le monde, les populations restent très éloignées des résultats attendus. Cette illusion à l'atteinte des idéaux sanitaires est due aux maladresses dans l'usage des fonds financiers colossaux injectés aux organisations humanitaires et sanitaires. En clair, les budgets destinés à l'amélioration de la santé des populations et au renforcement des systèmes de santé des Etats sont épuisés à plus de 50 pourcents par les porteurs de projet. Prioritairement, ces fonds doivent entretenir le personnel impliqué dans l'exécution des programmes, assurer une logistique efficace et garantir une pérennité des organisations. Les restes des fonds alloués aux programmes sanitaires servent au mieux à l'amélioration des services de santé. Ces services sanitaires exécutés à majorité par l'Etat ne profitent pas pleinement aux couches défavorisées. Les bénéficiaires n'étant pas informés des facilités en cours, payent les prestations de soin déjà subventionnées ou gratuits. Une élite de responsables sanitaires use des avantages rendus disponibles pour se renflouer les poches.

Actrices incontournables d'une couverture sanitaire globale et intégrée, les structures sanitaires privées sont généralement oubliées par les programmes d'appui à la santé. Cette omission flagrante trouve sa racine dans le désir des organisations sanitaires internationales à faire paraître leurs activités via les services publics. Il s'agit d'une coopération sanitaire internationale propagandiste et impérialistes qui diverge avec les attentes des populations malades et nécessiteuses. Les rapports d'activité des organisations humanitaires et sanitaires semblent muets face à ce système impérialiste et propagandiste. Les Etats bénéficiaires des aides sanitaires internationales semblent tétanisés par la corruption flagrante qui étrangle les programmes d'aides sanitaire. Compte tenu de ces situations ambiguës, comment est-il possible d'instaurer et d'exécuter un programme mondial de la santé ?

Le programme mondial de lutte contre la pauvreté est une initiative zélée, mais en réalité c'est une propagande vocale. En effet, des Etats et des organisations sanitaires internationales détournent les fonds destinés aux couches démunies au profit de projets égocentriques. Cette noble stratégie mondiale d'assistance aux pauvres est corrodée par la corruption et les excès d'autorité. C'est un programme de grande envergure, mais au fond, il s'agit de sacrifices financiers au profit d'une couche sociale riche. L'absence de conscience et l'insatiabilité humaine font de ce programme une ambition infranchissable. La lutte contre la pauvreté exige que les fonds destinés aux pauvres leur parviennent directement sans plusieurs intermédiaires. Il peut s'agir de l'argent en espèce, de vivres et nécessaires vitaux ou d'infrastructures et de personnel de développement. Avant toute action bienfaitrice, il faudra rencontrer les cibles et les faire dire des solutions pragmatiques à leurs problèmes. Ce ne sont pas les responsables d'Etat ou de riches cadres humanitaires qui doivent décider de l'usage des fonds destinés aux personnes démunies. L'eau est une simple denrée, mais elle trouve sa grande place chez les personnes assoiffées ! Les populations en souffrance connaissent mieux leurs problèmes que ceux qui désirent les assister.

La politique d'instauration d'un équilibre sanitaire mondiale est une priorité qui ne doit échapper aux discussions lors des assises mondiales de la santé. Il faut en parler avec de plus grands yeux et moins d'affairisme. C'est l'affaire de tous et l'une des préoccupations majeures de l'humanité. Malgré les activités de multiples organisations sanitaires et humanitaires rependues dans le monde, il est surprenant de constater le poids de nombreuses maladies qui accablent l'espèce humaine. Tous les efforts déployés à grande échelle laissent persister des endémies, des épidémies et des pandémies mortelles. Si nous semblons jusqu'à cette heure brisés par le Covid 19, c'est que nos efforts sanitaires et humanitaires sont pour la plupart superficiels. Peut-être que nous sommes responsables des maux qui nous flagellent sans relâche ! Le réveil et la prise de conscience restent et demeurent les remèdes opportuns pour restaurer la santé des populations du monde. Si les décideurs sanitaires internationaux et les organisations humanitaires internationales feignent de travailler, les populations devront s'éveiller pour saisir en main leur destin. Cet éveil devient possible dès l'instant où les populations exigent à leurs Etats une transparence dans la gestion des affaires publiques et des projets de santé. Cette clarté devient une barrière à la corruption et à l'enrôlement des Etats dans de faux programmes de développement.

La santé étant une préoccupation mondiale, tous les Etats devront être durement impliqués à leur bien-être. Les vaccins, médicaments et intrants sanitaires ne doivent pas uniquement venir de l'extérieur, mais aussi de l'intérieur. Il faudra construire des entreprises pharmaceutiques dans les pays pauvres pour la fabrication de médicaments et la recherche de nouvelles molécules soignantes. Les organisations humanitaires et sanitaires devront détenir des programmes transparents et cohérents pour le bien-être des populations. Les assistances se feront en fonction des besoins des populations et des crises sanitaires ou des catastrophes naturelles en cours. Les priorités ne seront plus axées sur les objectifs des organisations sanitaires, mais sur le bien-être des populations. De plus, les fonds utilisés pour les actions sanitaires et humanitaires devront être visibles, traçables et propres. Il ne sera plus question de fonds propagandistes, impérialistes ou capitalistes.

Les Etats devront être vigilants en coordonnant tous leurs projets sanitaires nationaux et internationaux. La subordination sanitaire ne peut en aucun cas être favorable à l'instauration d'un équilibre sanitaire mondiale fiable. Dans un programme mondial de la santé, les Etats doivent être interdépendants, égaux, efficients et fiables. La coopération internationale permettra de partager les expériences et garder une vigilance sanitaire globale. Les laboratoires et les centres de recherche médicale devront se multiplier dans tous les Etats membre de la politique sanitaire globale. C'est à cette méthode si contraignante et visiblement difficile que le monde pourra parvenir à un équilibre sanitaire mondial.

CHAPITRE VI : LES ALICAMENTS

La santé et les aliments que nous consommons ne peuvent être dissociés. En général, nous ne tombons malades que de ce que nous mangeons ; c'est notre alimentation qui détermine notre état de santé. La santé de l'homme dépend en grande partie des aliments qui entrent dans sa bouche. Si l'instauration d'un équilibre sanitaire mondial est préoccupant, il faut savoir que nous ne pourrons y aboutir qu'avec une bonne hygiène alimentaire. Le modèle alimentaire de mets préventifs et curatifs est une meilleure option pour consolider l'état de santé des populations du monde. L'aliment constitue le substrat énergétique de l'homme et contribue à son bien-être physique, physiologique et psychique. Cependant, il peut être néfaste à notre organisme aux cas où il est dénaturé ou excèdent les besoins caloriques journaliers. Quand l'alimentation est insuffisante, les conséquences peuvent aussi être dévastatrices ; l'organisme perd ainsi ses capacités physiologiques normales.

Incontournable au fonctionnement de l'organisme, l'aliment peut nourrir l'organisme ou l'empoisonner. Aujourd'hui, l'émergence des maladies métaboliques, des affections digestives et des cancers tire sa principale racine de la malbouffe. C'est bien à cause du contenu de nos assiettes et de nos cuillères que nous sommes soumis aux maladies. Avant de promouvoir le modèle alimentaire préventif ou curatif, il est impératif de parler de nos assiettes morbides. Il s'agit des aliments qui nous tuent à petit câlin, ces aliments qui s'imposent dans notre ration alimentaire.

Bien qu'utile et nécessaire à l'évolution des sociétés, la science nous emprisonne dans des modèles alimentaires contraignants. Il est pratiquement impossible de se priver des progrès de l'industrie agro-alimentaire. Voici leur fameuse recette : le sucre, l'ami de nos palais, mais notre ennemi le plus impitoyable. Fabriqué sous plusieurs formes par l'industrie agro-alimentaire, le saccharose est un composé naturel de nombreux aliments. Les fruits, les légumes, les céréales et les féculents en contiennent des quantités variables. Consommé régulièrement, cet aliment détruit notre organisme minutieusement et discrètement.

En effet, le sucre facilite la croissance des bactéries digestives, surcharge le sang en glucose et stimule excessivement la sécrétion d'insuline. L'action fréquente de l'insuline sur le tissu musculaire et les autres tissus glucophage aboutit à une diminution de sa sensibilité cellulaire. Il en résulte donc une augmentation du taux de glucose sanguin et l'apparition de diabète gras.

Malgré son métabolisme rapide et sa diffusion immédiate dans le sang, le sucre soulage contre la faim et reste incontestablement le poison le plus utilisé dans nos assiettes et breuvages. Cet aliment simplifié doté d'un goût agréable et irrésistible est devenu une drogue nécessaire à la survie des populations. A cause de son goût et du soulagement rapide qu'il apporte, le sucre impose une consommation de quantités croissantes au fil des jours. Dans la cavité buccale, il favorise la multiplication de la flore microbienne commensale et fragilise les dents par des métabolites acides qui en résultent. Les victimes souffrent d'une mauvaise haleine, des inflammations et des infections bucco-dentaires récurrentes.

Associé à de nombreuses recettes alimentaires, ce poison doux s'impose dans la quasi-totalité des produits agro-industriels. Malgré le danger qu'il représente, sa consommation mondiale ne fait que croitre. Depuis plus d'une décennie, les boissons énergétiques et rafraichissantes ont gagné le cœur des populations à cause de leur forte concentration en sucre. Des quantités de sucre contenues dans de petits volumes de breuvages sont sujettes à des interrogations ! Chez un adulte, s'il ne faut pas consommer plus de 25 grammes de sucre par jour, il est inquiétant de constater que des boissons en contiendraient plus de 25 grammes par unité! Il faut donc ne pas dépasser cinq morceaux de sucre ou cinq cuillérées de sucre par jour. En réalité, c'est un blasphème pour les personnes dépendantes du sucre !

Si le sucre est un poison doux, il est déductible que toutes les boissons énergétiques et rafraichissantes contenant du saccharose semblent dangereuses pour le bien-être. Ces solutions hydriques sucrées aux colorations attrayantes sont les sources de nos petits et grands maux. Elles pourraient contenir des colorants alimentaires nocifs pour l'organisme. Parmi ces colorants, un nombre non négligeable provoque des cancers chez certaines personnes ou des maladies métaboliques chez d'autres. Contraints de faire des bénéfices gigantesques, les industries agro-alimentaires dissimulent dans les boissons les colorants qui représentent un risque potentiel pour la santé humaine. En plus de ces colorants toxiques, les breuvages industriels peuvent contenir d'autres substances nocives pour la santé humaine. C'est l'exemple de la caféine qui est souvent ajoutée aux boissons énergétiques. Consommée à dose journalière exagérée, la caféine peut provoquer une dépendance alimentaire, une élévation de la pression artérielle et des troubles neurologiques significatifs.

Tout comme le sucre, les boissons énergétiques et rafraîchissantes créent une dépendance alimentaire et favorisent l'obésité et le diabète. Malgré le danger indéniable du sucre et de ces substances nocives sur la santé, les industries agro-alimentaires gagnent la confiance des consommateurs. Un groupe d'intellectuels bien instruits voient ce mal qui mine nos sociétés, mais personne ne daigne en parler. C'est un mal vraiment nécessaire à la survie des populations mondiales de plus en plus croissantes !

A côté du sucre, le sel assaisonne nos mets culinaires et donne un goût plaisant à nos papilles gustatives. Cependant, sa marge d'usage reste variable selon les individus. L'usage excessif du sel dans les aliments et les produits alimentaires expose les populations mondiales à l'hypertension artérielle. Le mécanisme d'installation de l'hypertension dû au sel s'explique par le pouvoir osmotique du sodium dans le sang. Aujourd'hui, malgré le danger que peut représenter le sel pour la santé humaine, de nouveaux additifs salés hyper-dangereux stimulent les palais gourmands. Ces additifs salés sont responsables d'hypertension artérielle, d'obésité, de troubles érectiles, de gastrite, d'ulcère gastroduodénaux et d'autres maladies non encore élucidées. Grace aux publicités médiatiques, ces additifs salés ont gagné le cœur de nombreux consommateurs. En Afrique, les femmes ne peuvent plus faire mijoter leurs marmites sans y ajouter de bons cubes.

La course à la montre a transformé nos sociétés, si bien que nous mangeons au rythme des secondes. Désormais, en moins de temps, il faudra produire beaucoup de vivres pour gaver les populations affamées. A ce rythme effréné, nous mangeons des aliments génétiquement modifiés, des fruits à l'engrais et des produits agricoles prématurés. Grace à ces produits dénaturés, notre organisme emmagasine chaque jour des substances toxiques qui créent dans notre corps des maladies aiguës ou chroniques. Ce sont des maladies que nous découvrons à court, moyen ou long terme et qui nous semblent étranges. La source d'intoxication peut aussi être des produits animaux et halieutiques. Nous vivons une mauvaise ère et semblons ne plus avoir une autre alternative alimentaire. C'est une réalité plausible imposée aux hommes grâce à un groupe d'individus affamés de bénéfices.

Si le monde désire instaurer un équilibre sanitaire global, il faut inéluctablement qu'il veille sur l'alimentation de ses populations. C'est pourquoi les aliment-médicament nous sont très indispensables. Si l'eau n'est pas considérée comme un aliment, il impose néanmoins sa grande place sur nos tables à manger. En effet, il n'y a pas d'alimentation saine sans eau potable. L'eau est l'allié de notre organisme, sa prépondérance dans le corps explique sa place incontournable dans l'organisme. Simple, mais complexe, l'eau stimule la fonction rénale et l'épuration du sang. Elle hydrate les cellules et déclenche les échanges tissulaires. L'eau régularise la température du corps et humidifie les muqueuses. L'eau, c'est vraiment la vie ! Chaque individu adulte devrait en boire deux à trois litres par jour. Pourquoi ne pas booster sa journée avec un bon verre d'eau le matin après l'hygiène-buco-dentaire.

Il est du devoir de l'homme moderne de réviser ses habitudes alimentaires afin de mieux résister aux maladies qui sévissent dans nos sociétés. S'il y a une nouvelle habitude à apprendre, c'est d'ajouter le piment dans notre ration alimentaire journalière. Les bienfaits du piment ne peuvent être étayés de façon exhaustive dans ce paragraphe. Néanmoins, une ébauche de ce légume séculaire nous enseignera. Le piment est un puissant laxatif ; il stimule le péristaltisme intestinal et évite la stagnation intestinale. L'évacuation régulière du tube digestif améliore l'hygiène digestive et protège contre les dysfonctionnements des intestins et du colon. Le piment stimule la digestion en provoquant la sécrétion des enzymes digestives et de l'eau dans la lumière intestinale. Cet appel d'eau dans le tube digestif facilite la digestion et lutte contre la constipation. En plus de tout cela, le piment détient un pouvoir antipyrétique et anti-inflammatoire. La sensation de chaleur provoquée par sa dégustation stimule les pores et favorise la respiration transcutanée. Malgré son goût piquant, le piment devrait être au rendez-vous dans tous nos mets. Il semblerait aussi avoir des effets aphrodisiaques ! Comparé au piment, le gingembre possèderait les mêmes propriétés. Tout comme le piment, il stimule la digestion et favorise un meilleur transit intestinal. Cependant, ces deux alliés à la santé doivent être évités chez les personnes en souffrance de gastrite ou d'ulcère digestif.

L'ail, un bon partenaire de bonne augure. Cet aliment est un don de la nature à cause de sa multitude de bienfaits. L'ail est un antibiotique naturel ; il freine la prolifération des micro-organismes intestinaux et améliore la santé digestive. L'ail stimule la sécrétion des enzymes digestives et de l'eau. Cet aliment améliore l'haleine et stimule l'appétit. Consommé régulièrement à faible quantité, ce produit améliore l'irrigation sanguine intestinale. Il nous fournit des microéléments indispensables au corps tels que les vitamines et les sels minéraux. Pris à faible dose, deux à trois gousses par jours, l'ail soigne notre appareil digestif et améliore notre hygiène de vie. De même profil que l'ail, l'oignon tient une place indispensable pour une alimentation saine. Riche en vitamines et sels minéraux, l'oignon soutient nos besoins en vitamine C, en magnésium, sélénium et cuivre. Il parfume notre appareil digestif comme les parfums corporels que nous utilisons.

Si la mauvaise humeur s'apparente à l'aigreur, le citron brise cette cohérence apparente. Bien qu'aigre, le citron nous confère toute la joie que peut procurer un fruit médicamenteux. C'est un agrume aux bienfaits indéniables. Le citron renferme une teneur incomparable de vitamine C, substance indispensable au métabolisme cellulaire et à l'accroissement immunitaire. Le jus du citron diminue la viscosité des sécrétions digestives, stimule la sécrétion biliaire et facilite la digestion des aliments. Le citron semble posséder des propriétés antivirales ! Cet agrume mérite bien de faire l'objet d'investigations plus avancées. C'est un aliment médicamenteux que nous pouvons tous expérimenter ! Voici ici son allié : l'orange, l'agrume au goût irrésistible. L'orange possède des propriétés similaires au citron. Grace à sa richesse en fibre et en vitamine C, ce fruit devrait être consommé entièrement hormis les pépins. Il améliore la digestion et tonifie l'organisme. Cet agrume ne devra pas manquer à nos tables ; il nous apporte douceur et vigueur.

L'optique d'une alimentation soignante ne devrait pas être prise à la légère ; les alicaments constituent une solution réelle à nos problèmes sanitaires actuels. L'organisation mondiale de la santé devrait en faire son arme de guerre primordiale. En effet, une population qui mange sainement est une cohorte à l'abri de nombreuses maladies. La bonne alimentation n'est pas une table garnie de mets copieux, mais une table légère et saine. Ainsi poursuivons cette liste non exhaustive d'aliment-médicaments. La nature nous offre tous ses trésors sous des formes diverses, simples ou complexes. Dans cette vaste plantation terrestre, nous pouvons trouver des racines et des feuilles alimentaires remarquables. Heureux sont les végétariens qui en tirent leur subsistance. Les feuilles représentent chez les plantes les poumons chez l'homme. Elles permettent aux plantes de respirer en effectuant des échanges gazeux avec l'environnement. Elles constituent aussi des sources de protéines, de vitamines et de sels minéraux. Cependant, elles peuvent être nocives lorsqu'elles contiennent des substances toxiques. Il faut donc savoir laquelle des feuilles est comestible !

Parmi ces feuilles comestibles, dressons le portrait alimentaire et médicamenteux de l'épinard. Les feuilles d'épinard sont une véritable source nutritive et médicamenteuse. Elles peuvent lutter contre l'anémie et prévenir plusieurs carences vitaminiques. Ces feuilles au goût aigre contiennent plusieurs oligo-éléments: le fer, magnésium, phosphore, cuivre, zinc. C'est une excellente source de vitamines, principalement : la Vitamine A, B9, B2, B6 et K. Elle est aussi riche en fibre et faciliterait la digestion. En plus de ses vertus vitaminiques, cet aliment contient des antioxydants utiles à la protection du système cardiovasculaire et à la prévention de certaines maladies cancéreuses. Les feuilles d'épinard ne devraient pas manquer dans nos recettes culinaires ! Nous devrons en manger régulièrement. Semblables aux feuilles d'épinard, les feuilles de gombo recèlent des propriétés alimentaires et médicamenteuses surprenantes. Mieux que les feuilles d'épinard, les feuilles de gombo sont plus riches en vitamines A, B9 et C. Elles renferment plus d'oligo-éléments et de sels minéraux que les feuilles d'épinard, c'est notamment : le fer, phosphore, potassium, calcium et sodium. Méconnues dans les habitudes culinaires, les feuilles de gombo occupent malheureusement moins de places dans nos assiettes. Elles détiennent l'équivalent des bienfaits du fuit, c'est-à-dire le gombo. Si vous connaissiez les bienfaits du gombo, alors vous connaitriez aussi les vertus de ses feuilles !

Le monde grouille de maladies à cause de ses programmes sanitaires et humanitaires fantaisistes. Ces programmes effleurent les maux qui handicapent nos sociétés. Il faut plutôt faire la promotion de l'hygiène alimentaire dans les sociétés humaines afin d'éviter les maladies. Mangeons donc sainement et espérons une santé de fer et une longévité ! Dans cette quête à la santé et à la longévité, les grains de sésame nous accompagnent. Voici un aliment banal, mais recelant des bienfaits incroyables. Ce petit grain blanc ou sombre est riche en lipide et en protéine. C'est donc une véritable source énergétique pour l'homme ! Il est une meilleure source de calcium, d'acides gras essentiels et de vitamines du groupe B. Nous y tirons aussi des oligo-éléments tels que le phosphore, magnésium et zinc. Ces grains torréfiés produisent de l'huile à 50 pourcents et des déchets alimentaires. Ils peuvent aussi être consommés sous forme de graines fraiches, de galette ou de poudre alimentaire (Guinée forestière).

La famine gagne du terrain dans le monde ; ce ci-beau monde qui ne devrait pas se tordre de peine. Le fléau de la famine est à la fois une maladie et une épidémie. Cependant, le monde dispose de moyens nutritifs variés qui pourraient éradiquer ce mal impitoyable qui fait des ravages dans les pays démunis. Les tubercules médicamenteux répondent aux problématiques de la famine dans le monde. Ces tubercules proviennent pour la plupart de plantes faciles à cultiver. L'exemple le plus exquis de ces tubercules est le taro. Colocasia esculenta est un concentré de glucides, de vitamines et de sels minéraux. Il contient de la vitamine C, B1 et B2 et referme du phosphore, fer et calcium. Ce féculent peut être transformé en poudre pour sa conservation et entrer dans les habitudes culinaires des populations affamées. La poudre enrichie de taro pourrait aider les enfants à bien croitre. Elle apporterait de l'énergie et favoriserait la croissance des organes et du système immunitaire. Comparé au taro, l'igname est un tubercule mieux enrichi en glucides, protéines et vitamines. Il contient une bonne concentration de vitamine C, B1, B6 et de faibles proportions de sels minéraux. Quelques variétés d'igname contiendraient des substances diurétiques facilitant l'excrétion rénale. Riche en fibres et en glucides, ce tubercule demeure un excellent dôme contre la faim. Une promotion de sa culture dans les pays aiderait à rassasier nos populations sinistrées par la famine.

La nature est une réserve infinie d'aliment-médicaments ; ainsi, nous ne pourrons dresser une liste exhaustive de nos amis alimentaires. Cependant, il serait agréable de faciliter notre argumentation littéraire en parlant de la banane douce. Ce fruit séculaire au parfum irrésistible est une bonté de la nature. Doux et rassasiant, la banane douce est une véritable source de vitamine et de sels minéraux. Il regorge surtout d'une teneur incomparable de potassium et de magnésium. Ces oligo-éléments sont indispensables à la santé du cœur et des vaisseaux sanguins. La banane possède aussi une propriété anti-stress. Tous les malades souffrant d'affections cardiaques et d'hypertension artérielle devraient en consommer très souvent. Les patients soumis aux médicaments diurétiques ne devraient pas s'en défaire, car la banane douce compense les pertes de potassium provoquées par la diurèse. Ce fruit adoucit l'estomac de son aigreur et protège sa muqueuse contre l'inflammation. La banane peut être conseillée en cas de brûlures d'estomac et d'ulcères gastroduodénal. Il facilite la digestion malgré sa faible teneur en fibre alimentaire et prévient contre le cancer colorectal. Nous pouvons bénéficier de plusieurs vitamines de sa chaire, notamment la vitamine C, B1, B6, E…

La banane douce s'apparente à la banane plantain avec laquelle elle partage des bienfaits similaires. La banane plantain rassasie et supplémente notre ration journalière en vitamines et sels minéraux. Très riche en potassium et magnésium elle possède des effets bienfaisants sur le cœur et les vaisseaux sanguins. La banane plantain protégerait mieux la muqueuse digestive que la banane douce. Très riche en glucide, elle peut représenter un moyen de lutte contre la faim et la famine. L'extension de sa culture dans le monde serait d'un intérêt considérable.

Enfin, achevons cette ébauche d'aliment-médicaments par ce fruit gras qui doit sa place dans nos assiettes. Persea americana est un fruit importé d'Amérique du sud et central, il est entré en culture dans le monde entier grâce à sa douceur gustative. Riche en vitamine B1, B9, E, et K Persea americana est un véritable alicament indispensable à la vitalité de nos cellules. Sa teneur élevée en oligoéléments, notamment le potassium fait de lui un aliment essentiel pour la santé du cœur et des vaisseaux. La richesse de ce fruit en vitamine K favorise l'hémostase et prévient contre des saignements. Cet aliment adoucit et facilite la digestion malgré sa faible teneur en fibre. Persea americana rassasie bien et peut-être consommé à grande quantité sans craindre une élévation de la glycémie. L'organisation mondiale de la santé ne se limite pas seulement qu'à la prévention et la lutte contre les maladies, mais pourrait être étendue à la construction de personnes incompatibles aux maladies.

CHAPITRE VII : LA LOI DE LA JUNGLE

Le principe d'existence dans la jungle est régi par une simple loi, celle du plus fort. C'est une loi naturelle qui classe les individus dans une chaine alimentaire ouverte et croissante. Le plus fort domine ses victimes, il est l'incarnation de la loi qui régit les espaces sauvages. Le plus faible n'a pas de raison de vivre, sa vie ne représente qu'une bouchée de chair ; il est contraint de subir les désirs des plus puissants. Ainsi, il peut être mangé, brutalisé ou chassé. Il est donc interdire à une gazelle de faire des leçons de morale au roi lion au risque d'être mangée ou du moins d'être chassée. Que la fourmi s'occupe de ses corvées journalières, c'est à cette tâche qu'elle garde sa place dans les broussailles. Malgré le danger qu'elle peut incarner, elle représente un bon met pour les lézards. Le controle de la jungle est aux mains des plus forts et des plus impitoyables. Les animaux pacifiques ne font pas la loi, ils subissent la loi ou font exception aux règles de la loi. L'éléphant est un mastodonte, mais fait la paix avec les félins féroces. Cette exception trouve sa racine dans la loi des affrontements inutiles qui peuvent mettre en péril la vie des protagonistes.

Aujourd'hui, les sociétés humaines hautement régies pas des lois et des serments semblent bien reproduire les lois de la jungle. Cette assertion semble exagérée, mais elle est réelle ! Si vous n'êtes pas vaccinés contre une maladie supposée contagieuse, vous perdez votre liberté. Désormais, le travail, le voyage, l'épanouissement et la formation vous sont inaccessibles. L'exemple est plausible avec la pandémie du Covid 19 ! D'honnêtes citoyens qui pouvaient être persuadés de l'utilité de la vaccination ont été réticents. Ils ont simplement perdu leurs emplois au refus de se faire vacciner. Quels sont donc ces hommes puissants qui imposent les règles à suivre ? Quelle différence y-a-t-il entre un lion qui dévore sa proie et un gouvernement qui vaccine de force ses citoyens ? Si c'est pour mon bien-être que tu me mutile, permette que je l'approuve librement!

Les lois sont simplement des codes de conduite qui font éviter des dérèglements sociaux. Chacun s'y référent afin de ne pas abuser de son statut et nul ne doit être au-dessus des lois. Dans la réalité, un groupe d'individus forts domine les cimes des lois et use de leur nature sauvage pour assouvir leurs fantasmes criminels. La vaccination obligatoire est la déraison la plus incohérente du vingt et unième siècle. Le pire c'est que la dite vaccination est justifiée par des arguments expérimentaux incertains. Aux cimes des lois se cachent des Etats puissants, des groupes pharmaceutiques, des organisations capitalistes et des individus puissants. Ils planifient, décident et imposent leur vision au monde. Malheur à qui rouspète contre les résolutions affairistes et les

Ange Goumou Guinée Conakry Email dretihaba83@yahoo.fr

accords de paix. Malheur aux petits rats qui fouillent dans la bouche des félins. Heureux sont les gibiers qui ne crient pas au scandale à l'invasion des félins.

Les programmes humanitaires mondiaux sont à redouter car leurs objectifs ne consistent pas à établir la santé, la paix et la sécurité, mais l'espionnage, la domination, la colonisation et l'exploitation humaine. Ils ont de jolies appellations, mais au fond, ce sont des systèmes établis pour promouvoir des politiques capitalistes de puissants sujets. Il est question de la domination commerciale, technologique, militaire et économique. Il n'est point question de donner la liberté aux hommes, mais de les soumettre à des valeurs et des principes impérialistes. Au risque d'être isolé et de perdre les rudiments de l'existence, nous semblons contraints d'obéir aux programmes et systèmes imposés. Qui a crié alerte quand les félins ont envahi le grand désert Africain ? Qui a rouspété quand le lion a brisé les os de ses proies dans les pays des nouvelles lunes ? Dans cet ordre mondial du plus fort, il est nécessaire de s'armer de forces afin de résister aux félins impérialistes. C'est dans cet appel au respect mutuel que l'ours grogne contre le lion et les autres félins. Mieux vaudra faire la paix avec lui que de s'infliger des blessures réciproques et mortelles.

Quand bien même, la nature soit un rapport de force et de lutte, le monde devrait prôner aux valeurs de la coexistence pacifique et franche. Ce n'est pas si difficile à expérimenter puisque la nature nous a unis sous le trait racial humain. La force et la bestialité devraient appartenir au monde sauvage sans intelligence. L'homme est l'image de la divinité suprême, de la perfection invisible et de l'infiniment intelligent. Tous ces systèmes et organisations mondiaux devront faire un exercice introspectif afin de pallier aux maux et souffrances qui nous handicapent. La vérité n'est pas la raison du plus fort, mais la raison qui donne la vie, la paix et le bien-être.

A qui veut l'entendre, l'humanité est un trésor inestimable, effort d'aucun humain. Parfait et admirable, ce cadeau ne devrait pas subir nos tares mentaux. Il mérite toute notre affection et attention afin de lui témoigner toute notre gratitude. La science et la technologie sont une reproduction de ce qui a été déjà créé, et ce qui a été déjà créé a été parfait dans sa nature. La science ne devrait plus être un instrument de destruction, mais un perfectionnement croissant des acquis légués par la nature. Elle ne sera jamais plus ingénieuse que la nature, car la nature est la science la plus exacte et la plus parfaite qui n'est jamais existé.

pg. 52

Printed by Books on Demand GmbH, Norderstedt / Germany